〔英〕丽莎·里根 著

王西敏 译

孩子背包里的
大自然

探索神秘的花园

外语教学与研究出版社

北京

京权图字：01-2022-3853

The Garden
Copyright © Hodder and Stoughton, 2019
Text © Lisa Regan
Illustration © Supriya Sahai
Simplified Chinese translation copyright @ Foreign Language Teaching
and Research Publishing Co., Ltd.
Simplified Chinese rights arranged through CA-LINK International
LLC (www.ca-link.cn)
All rights reserved

图书在版编目（CIP）数据

孩子背包里的大自然. 探索神秘的花园 ／（英）丽莎·里
根（Lisa Regan）著 ；王西敏译. —— 北京 ：外语教学与研究
出版社，2022.10
ISBN 978-7-5213-4014-3

Ⅰ. ①孩… Ⅱ. ①丽… ②王… Ⅲ. ①自然科学 - 少儿读物
②花园 - 少儿读物 Ⅳ. ①N49 ②TU986-49

中国版本图书馆 CIP 数据核字 (2022) 第 188357 号

出 版 人　王　芳
项目策划　于国辉
责任编辑　于国辉
责任校对　汪珂欣
装帧设计　王　春
出版发行　外语教学与研究出版社
社　　址　北京市西三环北路 19 号（100089）
网　　址　http://www.fltrp.com
印　　刷　北京尚唐印刷包装有限公司
开　　本　889×1194　1/16
印　　张　2.25
版　　次　2022 年 11 月第 1 版 2022 年 11 月第 1 次印刷
书　　号　ISBN 978-7-5213-4014-3
定　　价　45.00 元

购书咨询：(010) 88819926　电子邮箱：club@fltrp.com
外研书店：https://waiyants.tmall.com
凡印刷、装订质量问题，请联系我社印制部
联系电话：(010) 61207896　电子邮箱：zhijian@fltrp.com
凡侵权、盗版书籍线索，请联系我社法律事务部
举报电话：(010) 88817519　电子邮箱：banquan@fltrp.com
物料号：340140001

目录

什么是花园?

花园是人们可以种植物的地方,通常是一片紧邻房屋的区域。有的人喜欢把花园打造得五彩缤纷,有的人喜欢在花园里种点蔬菜,还有的人则倾向于种些能够吸引野生动物的植物。很多家庭通常会把花园设计成供孩子玩耍的地方。

尽在掌控

常见的园艺工作包括修剪和除草。植物需要被修剪,以免长得太大;而杂草则是指那些长在不该长的地方、需要被除掉的植物,它可能是草地中央的一朵雏菊,或者玫瑰花床中混杂的一朵野花。不过,有的人会特地在花园里种上野花,以吸引昆虫来授粉。

像紫丁香这类植物具有强烈的气味,有的香甜,有的辛辣。

很小的地方也可以种植植物。

壮丽的花园

有些花园格外奢华和独特，它们每年都会迎来上百万人前去参观。法国凡尔赛宫的花园设计于 17 世纪，有超过 800 个足球场那么大，花园经过精心的布局，构成了各种美丽的形状。

位于中国上海的豫园里种植了许多树木，每逢春日，便会进发出蓬勃的生命力。园中有池塘，有小桥，还有亭、台、楼、阁，以及雕像。

加拿大不列颠哥伦比亚省的布查特花园属于国家历史遗址，它是在一个古老的采石场上修建而成的。

建一座花园

一位聪明的园丁会在花园里种植各种各样的植物，它们能生长到不同的高度，开花的季节也各有不同。根据生长所需的光照强度和土壤类型，不同的植物通常被种植在不同的区域。

攀缘植物向上生长，一般占用地面空间不多。它们有些需要被固定在墙上或篱笆上，而另一些可以自己依附在建筑上。

高大的树木

树木能够遮阳、挡风和御寒。它们是鸟类和松鼠等野生动物的家。有些树能够为我们提供食物，比如水果和坚果。

那些个头不高的木本植物通常被称作**灌木**。

高山植物

高山植物在阳光充足、土壤贫瘠的地方生长良好。它们通常叶片较小、花朵鲜艳，浅浅的根系可伸展至广阔的范围以收集**养分**。

高山植物在**岩石园**和**假山**上长势良好。

毛地黄

香豌豆

薰衣草

生命循环

一年生植物，例如香豌豆，从种子发芽到开花，再到结种子，只需要一年时间。**两年生植物**，例如报春花和毛地黄[①]，则需要两年的时间完成这个循环。**多年生植物**能活很多年，例如薰衣草、天竺葵和银莲花。

———————————————
① 毛地黄属两年生或多年生植物。——译者注

你知道吗？

多年生植物可能是**常绿植物**，这意味着它的茎和叶在冬天也可以存活；也可能是**落叶植物**，这意味着秋冬来临的时候，它的地上部分会枯死。

试一试

挖土

土壤中满是**细菌**。它们可以分解死亡的**有机物**，这对土壤有益，却可能对人类有害。因此，你在花园里工作时，需要戴上园艺手套，并在结束工作后，<u>彻底清洗双手</u>。

土壤测试

土壤主要有 3 种类型：黏质土、壤土和砂质土。你家花园中的土壤是什么类型的？

• 选择花园的 3 个区域，用铲子各挖一杯土。比较土壤的颜色和质地。

• 将取样分别铺在一张白纸上。其中某个样本是否含有更多碎屑（如树叶、枝条或石头）？

• 手里拿一点样本。你能把它搓成球吗？你能把它搓成香肠一样的条状吗？如果可以的话，你能把它弯曲过来而不折断吗？

• 砂质土摸起来像沙砾，不粘在一起。壤土粘在一起，但容易破碎。黏质土易搓制和弯曲，如果你用手指摩擦它，它会变得有光泽。

• 你家花园里的土壤属于哪种类型呢？整片花园的土壤全都一样吗？

小池塘是鱼和青蛙的家，也会吸引鸟和蜻蜓。

开花植物和不开花植物

花卉使花园充满了色彩和香味，但并非所有植物都会开花。花朵通过吸引昆虫等动物帮助植物进行繁殖，但也有些植物以别的方式进行繁殖。

新花绽放

花蕊包含雄蕊和雌蕊两个部分。雄蕊产生花粉，这些花粉需要被送到雌蕊上，实现传粉。传粉使花朵**受精**，并结出种子。种子可以被带到很远的地方，长成新的植株。

花朵会利用气味或者颜色鲜艳的花瓣吸引**传粉者**，比如蜜蜂。

不开花植物

蕨类植物和苔藓植物不会开花。它们产生**孢子**，孢子随风传播，在落下的地方长成新的植株。而像冷杉和松树这样的针叶树，有花粉和种子，却没有花。

观察蕨类植物叶片的背面（或者正面）。孢子就在那些棕色的小点里。

植物的结构

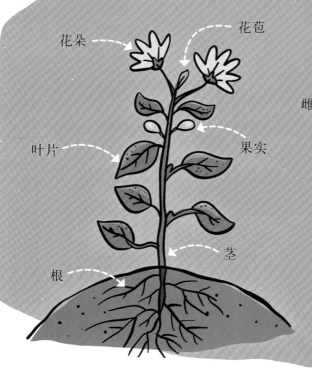

花朵
花苞
叶片
果实
根
茎

花朵的结构

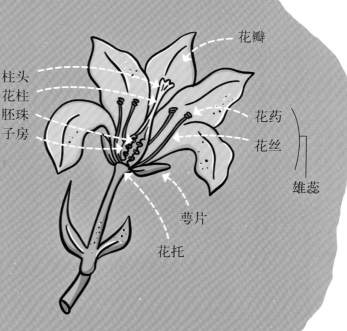

花瓣
雌蕊 — 柱头 花柱 胚珠 子房
花药
花丝
雄蕊
萼片
花托

草地往往被修剪得过矮，所以你很难看到这种场景，但即便是草也会开出小小的花朵。

培育更多

园丁们从种子中培育出新的植株，也会从植物的其他部分中培育新植株。这叫作**繁殖**。新植株可以从被称为插条的小嫩枝上生长出来；园丁们还可以将一丛植物分成两部分，分开种植。

试一试

制作种子炸弹

扮演种子传播者的角色，帮助大自然！

• 购买一袋混合花种。

• 把种子倒进桶里，加入两把堆肥。

• 将1勺面粉和水混合在一个杯子里，不停地搅动，直到它像胶水一样黏稠。

• 将混合物加入种子中搅拌，直到你能把它搓成一个球。

• 把球晾一夜，然后把它扔到一片光秃秃的花园里。如果没有下雨，就从大水桶中取水来浇。

• 过段时间，这些种子应该就能发芽了。

果树

某些种类的植物会将它们的种子包在果实里保护起来。并非所有的果实都可以食用，有些果实很甜或汁水丰富，例如苹果和草莓；而有些则无比坚硬，比如核桃和榛子。其实，牛油果、四季豆、南瓜和黄瓜都是果实，因为它们的内部都有种子。

李子长在矮小的树上，大多数花园都适合种植。

樱桃树在春天能开出美丽的花。

世界上约有一半的苹果产自中国。

西瓜是长在地上的。

柠檬需要阳光，冬天要保护它免受霜冻的伤害。

在阳光充足的庭院里，用花盆种植草莓很容易。

扁桃长在树上，就像苹果一样！

哪种果实？

长在树上的果实被称为**硬皮果**，包括苹果、桃、李子、梨、樱桃等。而葡萄、黑加仑、莓子等**浆果**，则长在比较矮小的植物上，比如藤蔓、灌木等。

植物的保护

一个聪明的园丁会把果树种在最合适的位置，从而获得丰收。果树需要阳光才能使果实成熟，也需要避风、避雨。人们通常沿着朝南的墙面或篱笆种植果树。土壤要有良好的排水性（不潮湿），树根周围的土壤要混合粪肥或堆肥。

毛毛虫、蚜虫（右图）、甲虫、飞蛾等害虫会侵害果树。

果实的成熟

果实不仅可以保护种子，还可以吸引动物，让它们吞下种子，然后通过排泄将种子传播到其他地方去。成熟的果实最有吸引力，因为里面的淀粉更多地转化成了糖，果实更加柔软、甜美。种子的传播减少了植物对光线和空间的竞争，有助于确保它们的生存。

像草莓这样的果实，会在成熟的时候改变色彩和味道，吸引鸟类等动物食用它们。

试一试

催熟你的水果！

香蕉会释放一种叫作乙烯的气体，对其他水果有催熟作用。

- 挑选一个尚未完全成熟的水果。梨、桃、猕猴桃或者西红柿都可以。

- 把它和一根成熟的香蕉一起放在纸袋里。把袋子的顶部折叠起来，放一晚上。

- 检查水果，如果还没有成熟，把袋子封好口，再放一晚上。

- 乙烯会让水果成熟的速度加快。你那绿色或者硬脆的水果很快就能吃了。

自己种植蔬菜

我们吃的蔬菜都是植物，如土豆、西兰花和豌豆。自己种植蔬菜非常有益，但你需要为照顾它们做好准备。大到一块地，小到一个花盆，都可以作为你的菜地。

豆类能够让土壤更肥沃，使玉米生长得更好。它们也可以和西红柿种在一起。

卷心菜和洋葱种在一起，两者都会长得更好。

健康成长

巧妙地种植不同的蔬菜有助于预防病虫害，甚至改善食物的味道。有些植物适合靠得很近种植，而有些植物则应隔开一定距离种植，因此，可以在一种植物的中间种植另一种作物，这是**套种**。不同的植物从土壤中吸收的养分也不同，所以明智的做法是每年轮换种植不同的作物，这是**轮种**。

外侧种上金盏花可以阻止动物破坏菜地，它还能散发一种驱赶昆虫的气味。

你知道吗?

属于同一科的蔬菜可以种在一起。辣椒、青椒、马铃薯和茄子一样，都属于茄科。芹菜、欧洲萝卜和胡萝卜是亲戚，都是伞形科。而生菜、向日葵、菜蓟和蒲公英都是菊科植物。

我们现在吃的胡萝卜通常是橘色的，但是最初的野生胡萝卜是紫色和黄色的。

西兰花和胡萝卜种在一起生长良好，但应远离辣椒和西红柿。

气味浓烈的大蒜可以让蚜虫远离西红柿，但对豌豆来说，它不是个好邻居。

古往今来

史前人类并不会自己种植蔬菜，主要是从野外采集。不过，那时人们采摘的蔬菜，在外观上和如今的蔬菜有很大差异。许多现代蔬菜品种都是**选择性培育**而成的，可以长得更大，也不易受到病害和恶劣天气的影响。

好处多多

在家里种植蔬菜通常要比从商店里购买更便宜。你还可以自然种植，避免使用化学品。

13

花园香草

如果你喜欢吃意大利面，你可能会惊讶地发现，你能很容易地"种植"出自己的意大利面酱。你只需要几个盆，用来种樱桃番茄和一种叫罗勒的香草，以及一个阳光充足的地方。

如何种植香草

香草很容易种植和养护。它们通常带有迷人的香味，而且几乎所有的香草都可以食用，非常美味！你可以在庭院的容器里、阳光充足的窗台上或花园的花坛里种植香草。

欧芹

细香葱

百里香

罗勒

新鲜的香料比萨

参照这个美味的食谱，充分利用自己家里种植的香草吧！

小心！
需要用到刀或者烤箱的时候，请叫大人来帮忙。

• 将橄榄油喷在新鲜的比萨饼底上，撒上盐和胡椒调味。

• 将一些奶酪切碎，撒在比萨饼底上。

• 铺上一些樱桃番茄、新鲜罗勒叶和一些小块儿的百里香叶。在上面撒一些干酪。

• 在成年人的帮助下，以 180℃ 的温度烘烤比萨 10 ~ 12 分钟，直到奶酪变成金黄色并结成硬皮。

迷迭香、牛至、鼠尾草、百里香、甘牛至和薰衣草可以种在一起。它们需要充足的阳光，稍微浇点水就可以了。

牛至散发的浓烈香气可以驱赶昆虫。

迷迭香

鼠尾草

牛至

花园动物

花园里会有许多访客——有些并不是人类哦！花园可以成为昆虫、鸟类、野生哺乳动物和附近猫咪的家，或是觅食场所。

刺猬

这种多刺的动物在落叶中筑巢，在最寒冷的冬季**冬眠**。它们醒来以后，会以一些花园里的害虫为食，比如蛞蝓和蜗牛。

毛毛虫

这种生物是蝴蝶和飞蛾的幼体或幼虫。成年后的蝴蝶和飞蛾对授粉很重要，但在毛毛虫阶段，它们会啃食树叶。

你知道吗？

如果受到**捕食者**的威胁，瓢虫会分泌难闻的、有毒的黄色"血液"。

狐狸

狐狸是**夜行性动物**，以昆虫、蠕虫、小型哺乳动物和掉落的水果为食。你也许会在一月份听见狐狸嚎叫，那是它们在寻找伴侣。

七星瓢虫

它们的鞘翅上长有 7 个斑点，很容易识别。园丁们很欢迎这种甲虫，因为它们会吃掉危害植物的蚜虫。

蚯蚓

这种生物非常重要。它们在土壤里打洞，让空气和水在土壤里循环。它们还会分解有机物，为土壤增加养分。

蛞蝓和蜗牛

你可能会看到这些软体动物留下的黏糊糊的痕迹，或是它们啃食植物后留下的洞。这两种动物都用肌肉发达的腹足移动，在潮湿、黑暗的地方生活。

蛞蝓

蜗牛

马蜂

蜜蜂和马蜂

蜜蜂、马蜂以及食蚜蝇会为大量的开花植物授粉，其中就包括我们种植的水果和蔬菜。

蜜蜂

松鼠

你可以看见松鼠沿着篱笆奔跑或在树枝间跳跃。它们会对植物造成破坏，因为它们食用植物的芽、果实和鳞茎，还会在冬季来临前把坚果埋在草坪里。

青蛙

你知道吗？

一只青蛙一晚上可以吃掉 100 只昆虫。

青蛙和蟾蜍

如果附近有池塘或者湖泊，这两种两栖动物就都有可能去拜访你的花园。它们在冬天会冬眠。

蟾蜍

蜘蛛

这种 8 条腿的小动物是园丁的朋友，它们会捕食许多害虫。快去寻找一张在晨露或霜冻中闪闪发光的网吧！

花园鸟类

雄性　雌性

各种各样的鸟都会在花园中安家。营造一个对鸟类友好的空间吧！用坚果和种子吸引它们，仔细观察各种鸟类都喜欢什么类型的食物。为它们准备一些可以饮用的水。有哪些鸟会一次又一次地来拜访花园呢？

苍头燕雀

苍头燕雀是一种体格健壮的鸟，翅膀上有一对白色斑纹。雄性有红褐色的胸部和淡蓝色的冠。雌性则为灰色。

红额金翅雀

美洲金翅雀

大山雀

大山雀的头部是黑色的，脸颊是白色的。它们通常集群活动，但对其他的鸟类不太友好。大山雀在欧洲和亚洲都很常见，乐于使用人类在花园里安装的巢箱。

红额金翅雀

这种小鸟有着美丽明亮的羽毛，喜欢吃葵花子。你可以把葵花子放在花园的喂食器里。如果你家的花园足够大的话，可以种一些向日葵。

知更鸟

知更鸟因其红胸而闻名，一年四季都很活跃。它们以昆虫和蠕虫为食：通常会扑上前去啄食或从草坪、花坛中将虫子拔出来。

美洲知更鸟　欧洲知更鸟

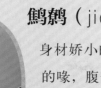

鹪鹩（jiāoliáo）

身材娇小的鹪鹩长着又长又细的喙，腹部有条纹，眼睛上方长有白色眉纹，就像眉毛一样。它们喜欢在靠近地面的地方飞行，常出没于灌木丛和绿篱中。

椋（liáng）鸟

椋鸟喜欢成群结队地飞行。在冬天的时候，它们身上会出现白色的斑点，而到了夏季斑点则会消失，只留下闪亮的绿色和蓝色羽毛。它们可以模仿许多声音，甚至包括电话铃和汽车报警器的声音！

喜鹊

喜鹊看上去是黑白两色的，但当它们飞行时，你可以看到它们翅膀和尾巴上显现出蓝色、紫色和绿色的光泽。它们是很精明的鸟类，会偷食其他鸟的蛋和幼鸟。

雄性

雌性

家麻雀

家麻雀是相当友善的鸟，在各地的花园里都很常见。它们的羽毛大部分是棕色的，但是雄鸟的胸前会有一片像围兜似的黑色羽毛。

乌鸫

你不会错过这种花园里的常客，它们有着亮黄色的眼圈和喙。雌鸟的羽毛呈暗棕色。它们通常不是在屋顶唱歌，就是忙着在草地上寻找虫子。

试一试

制作一个鸟巢

使用空牛奶盒或果汁纸盒制作防风雨的巢箱。请成年人帮忙解决棘手的问题。

• 用胶带封住饮料盒的塑料口。

• 剪出一个直径 5 厘米的圆孔，大小适合一只小型鸟类进出。

• 在圆孔下方 5 厘米处打一个小孔，然后插入一根树枝或棍子，当作栖木。

• 在纸盒顶部的凸起部位打一个小孔，系一根绳子。

• 按照你的想法装扮它。

• 把你做的鸟巢挂在篱笆或者一棵树上，等待小鸟们来发现它吧。

花园生态系统

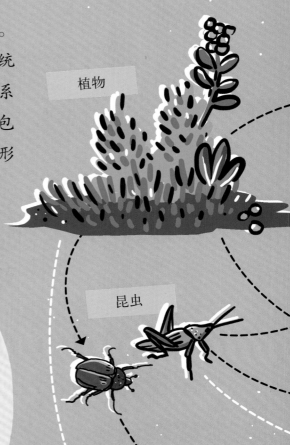

花园里的植物依赖造访它的生物，反之亦然。这些动植物共同构成了一个生态系统。在生态系统里，所有生物对彼此的生存都很重要。花园生态系统展示出了生产者和消费者的关系。生态系统中包含很多条食物链，把这些食物链连接在一起，就形成了食物网。

植物

昆虫

生产食物

食物链由两部分组成。第一部分是**生产者**：花园里所有的植物。被称为**生产者**是因为它们能够通过**光合作用**来生产食物。光合作用是指植物利用阳光，把（从空气中获得的）二氧化碳和水转化成养分，并释放氧气的过程。

吃与被吃

食物链的第二部分是**消费者**。以植物为食的动物（**植食性动物**）是初级消费者，许多昆虫、吃种子的麻雀、红额金翅雀等都属于这个类别。次级消费者是指吃肉的动物（**食虫动物**、**食肉动物**或者**杂食动物**），例如乌鸫、刺猬、蝙蝠、狐狸等。

分解

土壤中有多种细菌。这些**微生物**属于**分解者**，在生态系统中起着至关重要的作用，它们可以将动植物残体分解。

鸟类

老鼠

狐狸

你知道吗？

一茶勺**肥沃**的土壤中可能含有多达 10 亿个细菌。

分解者

青蛙

所有死亡的植物和动物最终都会被分解成土壤。

像蚯蚓和真菌这样的分解者，会将落叶和死去的植物、昆虫以及其他动物的残体分解，让营养重归土壤。

21

花园四季

一年四季，花园中的生命都在经历着生长、变化与死亡。有些生物甚至会经历好几次这样的循环。每个季节，花园中都有很多工作等着做。

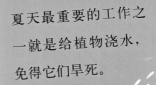
夏天最重要的工作之一就是给植物浇水，免得它们旱死。

夏

树上长满了叶子。花园里开满了五颜六色的花，吸引着蝴蝶和蜜蜂。阳光让杂草长得很快——记得在它们疯长之前除掉！

春

果树在春天开花，而有的树木在绿叶出现之前就长出了花蕾。许多球茎植物已经开花了，比如番红花、水仙花、郁金香和雪花莲。随着天气变暖，草又长了起来，你会听到鸟儿用来吸引配偶的歌声。找一找池塘里的青蛙卵和空中飞舞的大黄蜂吧！

春天是适合往花盆里播种的时候。请将它们放在温室或窗台上。

秋

当树叶开始变色并掉落下来，许许多多的浆果和水果就成熟了。松鼠开始忙碌起来，为即将到来的寒冷天气存储食物。请清扫枯叶并将其添加到堆肥箱中。你可以在草坪上种植球茎、播种草籽，为春天做准备。

试一试

园艺工作

每种园艺工作都有专用工具。你能帮忙耙树叶或挖坑种植物吗？

铲子
用来挖土

耙子
用来收集落叶

修枝剪
用来修剪灌木

大剪刀
用来剪树枝

你知道吗？

刺猬、蟾蜍等动物和马陆、蠕虫、毛毛虫、潮虫等各种虫子都在落叶堆里安家。在你用耙子耙落叶之前，记得先检查一下落叶堆底部。

冬天地面封冻，树木都光秃秃的，鸟类有时找不到充足的食物，你可以在户外放一些鸟食帮帮它们。

冬

将花盆和容器移到有遮蔽的地方，并盖住最脆弱的植物以防霜冻。冬天树上的叶子较少，是观鸟的好时机，人们还可以看到一些**迁徙**的鸟类。

花园帮手

传粉者帮助植物，植物也帮助传粉者。这是一种互惠关系，双方都是赢家。你可以做些事情，让花园更有吸引力，这样传粉者就会来拜访。

你知道吗？

蜜蜂和蝴蝶是大家最熟悉的传粉者，马蜂、食蚜蝇、飞蛾、苍蝇、蚊子、甲虫、鸟类和蝙蝠也能在花朵间传播花粉。

花朵的朋友

蜜蜂拜访花朵的原因有两个：一是采蜜，二是收集花粉，用来喂养它们的宝宝（幼虫）。作为回报，花粉从一朵花被传播到另一朵花，授粉之后的植物就能长出种子了。还有一些动物在寻找花蜜、果实或只是来歇歇脚的时候，也会蹭到花粉，帮助传播。

传粉过程

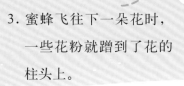

2. 雄蕊上的花粉粘在蜜蜂的身上和腿上。

1. 一只蜜蜂爬进花朵里，采集花蜜和花粉。

3. 蜜蜂飞往下一朵花时，一些花粉就蹭到了花的柱头上。

做一个野花种子垫

在室内做准备，这样无论天气如何，都不会影响你种植野花。

- 在厨房里铺一块潮湿的可生物降解的餐布。

- 将两条厨房毛巾并排放在餐布上。

- 把一包野花种子尽可能均匀地撒在上面。再盖上两块厨房毛巾，用手按压。

- 现在，将变湿的厨房毛巾小心地放在一块裸露的土壤上，盖上大约 0.5 厘米厚的优质堆肥。观察并等待野花的出现吧！如果它们太干了，就浇点水。

为什么传粉者如此重要？

没有这些动物，农民就无法生产足够的食物来养活人类。我们每吃三口食物，就有一口是依赖授粉产生的粮食。科学家们担心，由于化肥的使用、疾病、失去栖息地等原因，对我们非常重要的蜜蜂、蝴蝶和飞蛾正在消亡。如果传粉者的数量大幅下降，人类和野生动物就都要受苦了。

对蜜蜂友好

你可以通过以下方式，让花园对蜜蜂等昆虫更有吸引力：

- 选择不同形状和颜色的花朵。蓝色和紫色的花尤其吸引蝴蝶和蜜蜂。

- 种植大丽花、薰衣草和向日葵。

- 避免使用杀虫剂。

- 用野花或自己种植的花朵代替从商店购买的花朵。

堆肥

堆肥是一种改善环境的聪明办法。微生物和小型动物可以将厨房和花园垃圾转化为供养花园的珍贵养料。

堆高高!

堆肥起着非常重要的作用,它可以确保土壤上不会垃圾成堆。堆肥垃圾为从地面生长的植物提供养分,而这些植物又是植食性动物的食物来源。这就是自然循环。在花园里建一个堆肥场,还可以有效减少丢进垃圾箱和送往填埋场的垃圾数量。

你知道吗?

仅一年的堆肥所减少的温室气体,就相当于家庭洗衣机 3 个月内间接产生的二氧化碳总和。

堆肥被园丁称作"黑色的金子",因为它不仅为植物生长提供了基本的营养,同时也能改善土壤结构。

在瓶子里堆肥

试试这个"烂"实验,成为堆肥达人!

- 把一个塑料瓶洗干净,分别铺上土、食物残渣、树叶和一些花园肥料。在每一层都洒点水,但不要太多,避免让这些东西浸泡在水里!
- 用盖子将瓶子封好,放在不见光的柜子里。
- 6 个月后,查看一下瓶子,看看你是否得到了一些不错的自制堆肥!

土壤

蔬菜残叶

碎纸

叶子

水果皮

土壤

什么可以扔进堆肥？

最好的堆肥是绿色和棕色的混合物。绿色的东西包括水果皮、蔬菜叶、茶包和修剪除掉的草叶，棕色的东西包括硬纸板、鸡蛋盒和纸。简单说来，"垃圾＋水分＋温度＋空气＋微生物＋时间＝堆肥"。**千万不要**把煮熟的食物加入堆肥，它们会吸引令人讨厌的动物，比如老鼠。

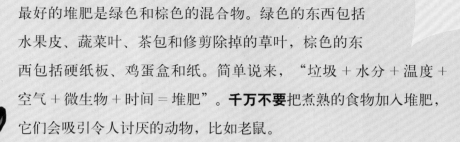

可持续园艺

一些良好的习惯可以帮助你的花园变得**可持续**——这意味着它可以在不需要化学物质（如杀虫剂或除草剂）或太多水的情况下自然繁茂。堆肥就是可持续园艺的一部分。

回收与再利用

在花园里，堆肥并不是唯一可以再利用的东西。水很珍贵，可以用水箱收集雨水，代替自来水浇花。你也可以从花园里的植物上采集种子，保存在低温、干燥、阴暗的地方，以备来年在新的地方播种。

绿色空间

种植植物并不一定需要拥有一个花园。你可以有创意地使用容器和吊篮，或者找到任何可利用的空间，比如窗台或阳台。

你甚至可以用室内植物建造一堵垂直的"绿"墙。

在围栏上悬挂额外的容器，或将容器固定在墙上。

用开满鲜花的花盆盖住排水管。

喂我！

水果和蔬菜可以在很小的空间里生长，但它们会很快吸收掉土壤中的养分。除了给它们浇水，你还应该定期给它们喂养生长所需的特殊养料。草莓和樱桃番茄在吊篮里就能长得很好，你还可以在麻袋里种土豆！

室内园艺

你的家也会因为室内有植物而受益。除了使房间明亮外，它们还有助于清洁和过滤空气。吊兰和白掌可以改善空气质量，而很容易养护的芦荟，还有可以缓解割伤和烧伤疼痛的汁液。

在窗台上的容器里种植可做"沙拉"的绿叶菜和香草。

植物几乎能在任何地方生长！

你能做什么？

有许多方法可以帮助你打造一个"健康的"花园。

• 在地面撒上覆盖物（如碎树皮或草屑）可以减少杂草的生长。

• 不要年复一年地在同一地点种植同样的植物。这可以防止攻击特定植物的虫害。

• 种植野花，吸引蜜蜂或者蝴蝶等传粉者来拜访。

小测验

1. 果树一般在什么时候开花?

a) 春天

b) 夏天

c) 全年

2. 哪一部分属于花朵的雌蕊?

a) 花药

b) 花丝

c) 柱头

3. 高山植物在哪里生长得更好?

a) 岩石上

b) 池塘里

c) 阴凉角落

4. 什么气体能让果实加快成熟?

a) 聚乙烯

b) 乙烯

c) 苯

5. 从同一植物的其他部分长出新芽的过程叫什么?

a) 灌溉

b) 繁殖

c) 结合

6. 哪种植物活得最久?

a) 一年生植物

b) 两年生植物

c) 多年生植物

7. 不开花不结果,蕨类和苔藓是用什么繁殖的?

a) 团子

b) 圆子

c) 孢子

8. 在食物链中,下面哪个不属于分解者?

a) 死亡植物

b) 细菌

c) 真菌

答案: 1a, 2c, 3a, 4b, 5b, 6c, 7c, 8a